FORSCHUNGSBERICHT DES LANDES NORDRHEIN-WESTFALEN

Nr. 2715/Fachgruppe Physik/Chemie/Biologie

Herausgegeben im Auftrage des Ministerpräsidenten Heinz Kühn
vom Minister für Wissenschaft und Forschung Johannes Rau

Prof. Dr.-Ing. Gerhard Adomeit
Dr.-Ing. Dai-Hai Chung
Lehrstuhl für Allgemeine Mechanik
an der Rhein.-Westf. Techn. Hochschule Aachen

Untersuchung
der molekularen Geschwindigkeitsverteilung
von Radikalen
in chemischen Gasphasenreaktionen

Westdeutscher Verlag 1978

CIP-Kurztitelaufnahme der Deutschen Bibliothek

Adomeit, Gerhard
Untersuchung der molekularen Geschwindigkeits-
verteilung von Radikalen in chemischen Gas-
phasenreaktionen / Gerhard Adomeit; Dai-Hai
Chung. - 1. Aufl. - Opladen: Westdeutscher
Verlag, 1978.

  (Forschungsberichte des Landes Nordrhein-
  Westfalen; Nr. 2715 : Fachgruppe Physik,
  Chemie, Biologie)
  ISBN-13: 978-3-531-02715-9   e-ISBN-13: 978-3-322-88113-7
  DOI: 10.1007/978-3-322-88113-7
NE: Chung, Dai-Hai:

ISBN-13: 978-3-531-02715-9

Inhalt

1. Einleitung

Chemische Reaktionen in Gasen verlaufen vielfach über eine
Aufeinanderfolge von Elementarreaktionen. In jedem dieser
Reaktionsschritte wird chemische Bindungsenergie verbraucht
oder freigesetzt und an die Freiheitsgrade der dabei ent-
stehenden Moleküle und Radikale, d. h. an die Translationsbewegung, die Rotation, die Schwingung und als Anregung der
Elektronen abgegeben. Die Anfangsverteilung ist zunächst keine
Gleichgewichtsverteilung, sondern nähert sich ihr erst in den
folgenden molekularen Stoßprozessen. Ist hierzu nicht genügend
Zeit vorhanden, so treten die Zwischenprodukte, wobei es sich
im wesentlichen um Radikale handelt, in die nächsten Reaktionsschritte ein, ohne in ihrem Zustand durch thermodynamische
Zustandsgrößen beschreibbar zu sein. Diese Radikale können
wesentlich höhere Translationsenergie besitzen als die im
Gleichgewicht befindlichen Gasmoleküle und daher zu Trägern
von Energieketten werden worauf von Benson [1] und Polanyi et al.
[2] hingewiesen wurde. Für diese Radikale verlieren die üblicher-
weise benutzten Beziehungen für Transportvorgänge und Reaktions-
geschwindigkeit ihre Gültigkeit. Es ist dann vielmehr erforderlich,
die molekulare Geschwindigkeitsverteilung zu ermitteln. Dies wird
in der vorliegenden Arbeit auf theoretischem und experimentellem
Wege durchgeführt unter Berücksichtigung der wesentlichsten Prozesse, d. h. chemischer Produktion, chemischem Verbrauch, elastischen Stößenund Chemolumineszenz.

Handelt es sich bei den Radikalen um chemolumineszente Radikale,
so läßt sich die Geschwindigkeitsverteilung aus den Profilen der
einzelnen Spektrallinien ihrer Banden ermitteln. Bei hinreichend niedrigen Drücken ist die Form dieser Spektrallinien
über den Doppler-Effekt durch die molekulare Bewegung bedingt.

Ausmessung dieser Linienprofile ermöglicht direkt die molekulare
Geschwindigkeitsverteilung der emittierenden Radikale zu be-
stimmen. Gaydon und Wolfhard [3] untersuchten auf diese Weise
die Linien der CH-Banden in Niederdruck-Azetylen-Sauerstoff-
Flammen. Sie erhielten Maxwell-Verteilungen mit effektiven Temperaturen um 4000 K. Diese Temperaturen liegen erheblich über
der adiabaten Flammentemperatur. Zwei weitere experimentelle
Untersuchungen [4,5] wurden bei Atmosphärendruck durchgeführt.
Ihre Auswertung bleibt aufgrund der Druckverbreiterung der Spektrallinien offen. Gaydon und Wolfhard verwendeten in ihren Untersuchungen metallisch bedampfte Spiegel, die eine hohe Ab-
sorption aufweisen. Der Reflektionskoeffizient betrug 0,81 ,
der Transmissionskoeffizient 0,05. Das Interferenzsystem wurde
photographisch registriert. Mit der seitdem entwickelten Bedampfung
mit dielektrischen Schichten erreicht man Reflektionskoeffizienten
von 0,95 bei gleicher Transmission, so daß ein wesentlich höheres
Auflösungsvermögen des Fabry-Perot-Etalons erreicht wird. Auch
wurden hochempfindliche photoelektrische Registriereinrichtungen
entwickelt. Mit diesen verbesserten Geräten wurde in dieser Arbeit
das Bandensystem des CH-Radikals bei 390 nm untersucht. Die Messungen werden in Abschnitt 2 beschrieben.

Die Störung der molekularen Geschwindigkeitsverteilung durch
chemische Reaktionen ist ebenfalls wiederholt Gegenstand theo-
retischer Untersuchungen gewesen [6,7,8] . Diese Arbeiten be-
schränken sich jedoch auf die Behandlung einstufiger Prozesse,
während hier der Einfluß aller unmittelbar wirksamen Stoßprozesse, d. h. der erzeugenden und der verbrauchenden reaktiven
Stöße, der elastischen Stöße und der Photoemission, berücksichtigt wird.

2. Experimentelle Bestimmung der molekularen Geschwindigkeitsverteilung des CH-Radikals in einer Azetylen-Sauerstoff-Flamme

Die Profile der einzelnen Spektrallinien, aus denen sich die Flammenbanden zusammensetzen, sind bei hinreichend niedrigen Drücken über den Doppler-Effekt durch die molekulare Bewegung bedingt. Ausmessung dieser Linienprofile ermöglicht, direkt die Geschwindigkeitsverteilung der emittierenden Radikale zu ermitteln [3] . Die dazu in dieser Arbeit benutzte Apparatur ist in Abb. 1 schematisch dargestellt. Das von einer flachen Niederdruckflamme emittierte Licht wird von einem Monochromator vorzerlegt, eine einzelne Linie ausgesondert und das durch ein Fabry-Perot-Etalon erzeugte Interferenz-Ringsystem auf die Blende eines Photovervielfachers abgebildet. Durch zeitlich lineare Veränderung der optischen Weglänge zwischen den Platten des Etalons (Änderung der Gasdichte) läßt sich das Interferenzsystem ausmessen und daraus die Form der untersuchten Spektrallinie ermitteln.

2.1 Apparatur

Die vorgemischte flache Flamme wird oberhalb eines mit einer Lochplatte abgeschlossenen wassergekühlten Brenners in einem ebenfalls wassergekühlten Vakuumbehälter mit einem Volumen von etwa 3.10^{-2} m^3 stabilisiert. Die Zufuhr von gereinigtem Azetylen und Sauerstoff wird mit Ventilen geregelt und mit geeichten RotaMessern gemessen. Die gekühlten Abgase strömen durch ein Regelventil und einen 0,5 m^3 Dämpfungsbehälter und werden mit einer 80 m^3/h Drehschieberpumpe abgepumpt.

Die Flamme wird durch eine elektrische Entladung gezündet. Die Beobachtung erfolgt durch zwei Fenster mit einem Durchmesser von 10,5 cm. Das von der Flamme emittierte Licht wird nach einer Drehung des Strahlengangs um 90° mittels zwei gegeneinander geneigter ebener Spiegel auf den Eintrittspalt eine Monochromators abgebildet. Auf diese Weise kann ein wohldefinierter ebener Bereich der Flamme untersucht werden. Die Lichtintensität kann bei Verwendung eines hinter dem zweiten, gegenüberliegenden

Fenster aufgestellten sphärischen Spiegels, der das dort aus-
tretende Licht in den Strahlengang des Monochromators reflektiert,
erhöht werden. Als Monochromator wurde zunächst ein 0,5 m Gerät
der Fa. Bausch und Lomb und später ein 0,75 m Monochromator der
Fa. Jarrel-Ash verwendet.

Das Fabry-Perot-Interferometer besteht aus zwei reilreflektieren-
den parallel angeordneten Quarz-Platten, die eine Oberflächen-
ebenheit von $\lambda/200$ besitzen und mit neun $\lambda/4$-Schichten Sb_2O_3-
Kryolit bedampft sind. Der Reflektionskoeffizient bei 388,6 nm
beträgt 0,96 , der Absorptionskoeffizient ist 0,006 und der
Transmissionskoeffizient 0,034. Die Platten werden durch einen
Abstandsring aus Invar in paralleler Lage gehalten und über ver-
stellbare Federn justiert. Dies System ist in einem vakuumdichten
Behälter untergebracht. Die Temperatur wird mittels Thermostat
auf 0,01 K konstant gehalten. Das Fabry-Perot-Interferometer
ist in Abb. 2 dargestellt.

Das Interferenzsystem des Fabry-Perot-Interferometers wird auf
die Eintrittsapertur eines Photovervielfachers abgebildet. Es
wird ausgemessen durch Veränderung der optischen Weglänge zwischen
den Platten indem Stickstoff über eine geeignete Kapillare in das
Etalongefäß einströmt [9,10] . Die Abtastzeit einer Interferenz-
ordnung kann von einigen Minuten bis zu einer Stunde durch
Parallelschalten zusätzlicher Vakuumbehälter variiert werden.
Die Lichtintensität wird mit einem gekühlten EMI-Photovervielfacher
mit niedrigem Dunkelstrom zusammen mit einer Photonenzählanordnung
oder mit einem Phase-Lock-Verstärker gemessen, wie sie in Abb. 1
schematisch dargestellt ist.

2.2 Ergebnisse und Auswertung

Es wurden die Q(8) und Q(9) Linien des CH-Bandensystems bei
390 nm untersucht. Diese Linien konnten vollständig von den
Nachbarlinien getrennt werden. Sie wurden bei Flammendrücken
zwischen 2 und 15 Torr und unterschiedlichen Gemischzusammen-
setzungen untersucht, wobei die obere Druckgrenze durch die
maximale thermische Belastbarkeit des Brenners und des Abgas-
systems gegeben war. Eine für eine der beiden Q(9) Linien gemessene Intensitätsverteilung I_{re} ist in Abb. 3 dargestellt.
Der Druck beträgt 14 Torr und das Azetylen-Sauerstoffverhält-
nis ist 1,8. Das gemessene Intensitätsprofil $I_{re}(\sigma)$ ist mit
dem von dem Gas emittierten Emissionsprofil $I_{em}(\sigma)$ durch das
Faltungsintegral

$$I_{re}(\sigma) = \int_0^\infty I_{em}(\sigma')\, P_{FP}(\sigma-\sigma')\, d\sigma' \, , \qquad (2-1)$$

verknüpft, wo mit σ die Wellenzahl bezeichnet wird und $P_{FP}(\sigma-\sigma')$
die Instrumentenfunktion des gesamten optischen Systems darstellt.
Diese Funktion ist ein Faltungsintegral der Instrumentenfunktion
des Fabry-Perot-Interferometers und der Blendenfunktion des
Photovervielfachers. In der hier vorgelegten Auswertung wurde
$P_{FP}(\sigma-\sigma')$ durch die Airy-Funktion [11-13]

$$P_{FP} = \text{const} \left[1 + (2N/\pi)^2 \sin^2 2\pi t(\sigma-\sigma') \right]^{-1} \, , \qquad (2-2)$$

approximiert. Hier bezeichnet t den Plattenabstand und N die
effektive Finesse. N wurde experimentell mit Hilfe einer wassergekühlten Hg 198 HF-Entladungslampe ermittelt. Es konnten Werte
besser als 30 erreicht werden, wenn das Interferometer sorgfältig
justiert wurde. Diese Werte sind in Übereinstimmung mit Rechnungen
aufgrund der in Ref. [13] angegebenen Daten.

Eine Möglichkeit, die experimentellen Ergebnisse auszuwerten
besteht darin, für $I_{em}(\sigma)$ eine Maxwellverteilung in Gl. (2-1)
einzuführen und die Temperatur T dieser Maxwellverteilung solange
zu variieren bis die Halbwertsbreite des berechneten und des

gemessenen Profils übereinstimmen. Auf diese Weise wurde für
T = 4200 K das ausgezogene Profil der Abb. 2 erhalten. Es stimmt
relativ gut mit den Messungen überein. Im Bereich des Maximums
liegen die Meßpunkte jedoch geringfügig oberhalb und im Außen-
bereich geringfügig unterhalb der Maxwellverteilung. Zum Vergleich wurde auch noch die für T = 4600 K berechnete Kurve eingezeichnet. Sie weicht erheblich von den Meßwerten ab. Man kann
den CH-Radikalen somit eine effektive Translationstemperatur
T_{eff} = 4200 $\pm$ 200 K zuordnen. Dieser Wert liegt erheblich oberhalb der adiabaten Flammenendtemperatur, die mit 2800 K berechnet
wurde. Die tatsächliche Flammentemperatur wird unter diesem Wert
liegen, da Wärmeverluste insbesondere zum wassergekühlten Brenner
auftreten.

Bei Verminderung des Flammendrucks und Annäherung an die stöchiometrische Gemischzusammensetzung ergibt sich eine Erhöhung der
effektiven Temperatur des CH-Radikals. Die unter diesen Bedin-
gungen erhaltenen Daten erwiesen sich jedoch als nicht hinreichend zuverlässig, da die Lichtintensität abnimmt und damit die
Streuung der Meßpunkte zunimmt.

Diese Ergebnisse stimmen, bis auf die Daten, die bei niedrigen
Drücken erhalten wurden, mit den Messungen von Gaydon und Wolfhard
[3] überein. Der Einfluß der Druckverbreiterung und der Reabsorp-
tion auf das Linienprofil dürften bei den verwendeten Drücken
vernachlässigbar klein sein [3,14,15] .

Die Tatsache, daß die Translationsenergie des CH-Radikals erheblich größer ist als für das restliche Gas deutet darauf hin,
daß das CH-Radikal in einem exothermen Reaktionsschritt erzeugt
wird. Die Tatsache allerdings, daß es sich bei der Verteilung
um eine Maxwellverteilung handelt, ist nicht unmittelbar ein-
zusehen, da eine Maxwellverteilung eine Gleichgewichtsverteilung
ist, die sich erst nach einigen Stößen einstellt. Dann aber sollte
auch der exzessive Wert der Translationsenergie abgebaut sein.

Um diese offene Frage zu klären, wurden die im folgenden beschrie-
benen theoretischen Untersuchungen durchgeführt.

3. Theoretische Untersuchung der molekularen Geschwindigkeits-verteilung der Radikale

Betrachtet wird ein Radikal R, daß in einem Reaktionsschritt I
(Index p = Produktion) erzeugt und in einem Reaktionsschritt II
(Index c = Consumption) verbraucht wird. Die folgenden Stoßpro-
zesse werden dabei berücksichtigt

chemische Erzeugung (p) $A + B \longrightarrow R + C$ (I)
chemischer Verbrauch (c) $R + D \longrightarrow F + G$ (II) $(3-1)_1$
elastische Stöße (e) $R + W \rightleftarrows R + W$ (III)

und, falls es sich um ein angeregtes chemilumineszentes Radikal
R^* handelt, die Emission eines Lichtquants

$$R^* \longrightarrow R + h\nu \qquad\qquad \text{(IV)} \qquad\qquad (3-1)_2$$

Es wird also zunächst nur ein Radikal betrachtet, daß in einer
einzigen Elementarreaktion (I) erzeugt und in einer anderen (II)
verbraucht wird. Später, bei der Berechnung praktisch interessie-
render Reaktionsabläufe, wird diese Annahme fallen gelassen. In
den Gleichungen (3-1) werden mit A, B, usw. die verschiedenen
Molekülarten bezeichnet. Es wird weiter angenommen, daß das
System weit vom chemischen Gleichgewicht entfernt ist, so daß
die Rückreaktionen zu I und II vernachlässigt werden können. Innere
Anregungszustände der Moleküle - die Chemilumineszenz ausgenommen -
werden nicht betrachtet. Die elastischen Stoßpartner werden zunächst durch ein Wärmebad W mit einheitlichen molekularen Parametern
und mit einer Temperatur T erfaßt.

3.1 Boltzmanngleichung

Die den Stoßgleichungen (3-1) zugeordnete Boltzmanngleichung für
die Verteilungsfunktion f(v) des Radikals R lautet dann [16]

$$\frac{Df}{Dt} = \left(\frac{\delta f}{\delta t}\right) - \frac{1}{\tau_{em}}\, f \; , \qquad\qquad (3-2)$$

wo mit Df/Dt die substantielle zeitliche Änderung von f(v)
im r, v-Raum und mit ($\delta f/\delta t$) die Änderungen der Verteilungsfunktion infolge elastischer und reaktiver Stöße bezeichnet
werden. Diese Terme werden auch als Stoßintegrale bezeichnet.
τ_{em} ist die mittlere Lebensdauer des angeregten Zustands bis
zur Emission eines Lichtquants.

Für Systeme mit nicht zu niedrigem Druck ist die Knudsen-Zahl
klein. Man kann in diesem praktisch wichtigen Fall das Chapman-
Enskog-Verfahren [17] anwenden. In erster Näherung ist dann die
substantielle Ableitung Df/Dt im Vergleich zu den anderen Termen
der Gleichung (3-2) vernachlässigbar klein. Gleichung (3-2)
nimmt dann in erster Näherung die folgende Form an

$$\left(\frac{\delta f}{\delta t}\right)_p - \left(\frac{\delta f}{\delta t}\right)_c + \left(\frac{\delta f}{\delta t}\right)_{e+} - \left(\frac{\delta f}{\delta t}\right)_{e-} - \frac{1}{\tau_{em}}\, f = 0 \; . \qquad (3-3)$$

Die hier auftretenden Stoßintegrale lauten

$$\left(\frac{\delta f_1}{\delta t}\right) = \int f_1\,(\vec{v}_1)\; f_2\,(\vec{v}_2)\; g_{12}\; \sigma_{12}\; d\Omega\, d\vec{v}_2 \; . \qquad (3-4)$$

In Gl. (3-3) bezeichnen $(\delta f/\delta t)_{p,c}$ die Stoßintegrale für
chemische Produktion und Verbrauch und $(\delta f/\delta t)_{+,-}$ bezeichnen
die elastische Gewinn- bzw. Verlustterme aufgrund der Stöße
mit den Molekülen W. In Gl. (3-4) bezeichnen die Indizes 1, 2
die beiden zusammenstoßenden Moleküle, $\vec{v}$ ist die Molekülge-
schwindigkeit, g_{12} die Relativgeschwindigkeit, σ_{12} der differentielle Stoßquerschnitt und Ω der Streuwinkel.

Bei der Berechnung dieser Stoßintegrale wird zusätzlich angenommen, daß die Stoßpartner A, B und D sich im thermodynamischen
Gleichgewicht mit dem Wärmebad befinden, sich ihre Geschwindigkeitsverteilung daher durch eine Maxwellverteilung mit der Temperatur T beschreiben läßt. Es wird weiter vorausgesetzt, daß
die Teilchendichte des Radikals wesentlich kleiner als die des
restlichen Gases ist, so daß die Stöße der Radikale untereinander
vernachlässigt werden können. Die Boltzmanngleichung (3-3) wird
dann linear in der gesuchten Verteilungsfunktion f(v) der Radikale
R. Für elastische Stoßvorgänge wird der differentielle Stoß-

querschnitt σ_e durch starre Kugeln approximiert und für reaktive Stöße durch den entsprechenden stoßvarianten Ausdruck [18] beschrieben. Wertet man unter diesen Annahmen die Stoßintegrale der Boltzmanngleichung aus, so nimmt Gl. (3-3) die Form an [18]

$$\frac{1}{\tau_e \, \lambda_e} \int_0^\infty B(v,v')f(v')dv' - \frac{1}{\tau_e \, \lambda_e} f(v)F\left[0,(\lambda_e v)\right] +$$

$$+ \frac{1}{\tau_p' \, \lambda_p'} f_{eq}(v)F\left[(\lambda_p' \, g_{ap}'),(\lambda_p' v)\right] - \frac{1}{\tau_c \, \lambda_c} f(v) \; . \qquad (3-5)$$

$$\cdot \, F\left[(\lambda_c \, g_{ac}),(\lambda_c v)\right] - \frac{1}{\tau_{em}} f(v) = 0.$$

Der erste Term stellt den Gewinn $(\delta f/\delta t)_{e+}$ infolge elastischer Stöße dar, wobei die Funktion

$$B(v,v') = \lambda Q^2 \frac{v'}{v}\left\{erf(vQ+v'R) + e^{(v'^2-v^2)}erf(v'Q + vR) \; {}^+_-\right.$$

$$\left. {}^+_- \left[erf(vQ-v'R) + e^{(v'^2-v^2)}erf(vR-v'Q)\right]\right\} \qquad (3-6)$$

die Wahrscheinlichkeit angibt, daß ein Molekül mit der Geschwindigkeit v' vor dem Stoß die Geschwindigkeit v nach dem Stoß besitzt [8] . Der zweite Term in Gl. (3-5) stellt den Verlust durch elastische Stöße dar. F(g, v) bezeichnet die folgende Funktion [18]

$$F(g,v) = \frac{1}{2v}\left\{\left(\frac{1}{2} + v^2 - g^2\right)\left[erf(v+g) + erf(v-g)\right] +\right.$$

$$\qquad (3-7)_1$$

$$\left. + \frac{1}{\sqrt{\pi}}\left[(v+g)\,e^{-(v-g)^2} + (v-g)\,e^{-(v+g)^2}\right]\right\}$$

Für spätere Verwendung werden noch die folgenden Abkürzungen eingeführt

$$F_p' = F\left[(\lambda_p' \, g_{ap}'),(\lambda_p' v)\right]$$

$$F_c = F\left[(\lambda_c \, g_{ac}),(\lambda_c v)\right] \qquad (3-7)_2$$

$$F_0 = F\left[0,(\lambda_e v)\right]$$

Der dritte und vierte Term der Gl. (3-5) stellen den Gewinn (p)
und Verlust (c) durch chemische Reaktionen dar [18] . Mit $f_{eq}(v)$
wird eine fiktive, jedoch wohldefinierte Gleichgewichtsverteilung
des Radikals bezeichnet, die über die Reaktion (I) mit A und B
im Gleichgewicht ist. Die Größe τ ist die Zeit zwischen zwei
Stößen. Um welche Stoßart es sich handelt ist durch den Index
festgelegt. Mit einem Strich werden diejenigen Größen versehen,
die sich auf inverse Stöße beziehen. λ, Q und R sind wie folgt
definiert

$$\lambda_i^2 = m_i/m_R$$

$$Q = \frac{1}{2}(\frac{1}{\lambda_e} + \lambda_e) \quad , \quad R = \frac{1}{2}(\frac{1}{\lambda_e} - \lambda_e)$$

(3-8)

Der Index i in Gl. (3-8)₁ bezieht sich auf die verschiedenen
Stoßprozesse (p), (c) und (e), die Massen m_i sind entsprechend
einzusetzen. Alle Geschwindigkeiten wurden mit $c = (2kT/m_R)^{1/2}$
dimensionslos gemacht. Die Relativgeschwindigkeit g_a ist definiert
durch

$$g_a^2 = \frac{E_a}{\frac{\mu}{2} c^2} \, ,$$

wo E_a die Aktivierungsenergie der Reaktion und μ die reduzierte
Masse der zusammenstoßenden Moleküle bedeutet.

3.2 Chemilumineszente Radikale

Die Verteilungsfunktion chemilumineszenter Radikale dürfte durch
die reaktiven Stöße II nicht wesentlich beeinflußt werden, insbesondere nicht bei niedrigen Drücken. Der vierte Term der Gl. (3-5)
kann dann vernachlässigt werden. Umordnen der übrigen Ausdrücke,
Einführen des Parameters

$$N_{em} = \tau_{em}/\tau_e$$

(3-9)

und dimensionslos machen von f(v) ergibt dann

$$N_{em}\left[fF_o - \int_0^\infty b(v,v')f(v')dv\right] \doteq f = e^{-v^2}F_p' . \qquad (3-10)$$

Dies ist eine lineare, inhomogene Integralgleichung zweiter
Art. Die Terme in der eckigen Klammer stellen die Anteile der
elastischen Stöße dar. Ihr Einfluß ist dominant, wenn N_{em} groß
ist, d. h. bei hohem Druck. Die Verteilungsfunktion wird in diesem
Fall einer Maxwellverteilung sehr nahe kommen. Bei niedrigem
Druck, d. h. für $N_{em} \ll 1$ werden die anderen Terme dominieren.
In diesem Fall, der für die vorliegende experimentelle Untersuchung von Bedeutung sein dürfte, lassen sich asymptotisch
gültige Lösungen von Gl. (3-10) angeben.

In erster Näherung ergibt sich dann, für $N_{em} \ll 1$,

$$f^{[o]} = e^{-v^2}F_p' . \qquad (3-11)$$

Näherungen höherer Ordnung ergeben sich durch Iteration

$$f = (1+N_{em}P_1 + N_{em}^2 P_1^{(2)} + \ldots)\left\{e^{-v^2}F_p'\right\} , \qquad (3-12)$$

wo P_1 der Operator

$$P_1\{\psi\} = \int_0^\infty B(v,v')\psi(v')dv' - \psi F_o . \qquad (3-13)$$

iot. Für $N_{em} \ll 1$ kann die Lösung von Gl. (3-10) daher durch
Quadratur gewonnen werden. Will man diese Lösung auf die vorliegenden experimentellen Resultate anwenden, so sind geeignete molekulare Parameter einzuführen. Von den verschiedenen
Reaktionen, die für die CH-Produktion vorgeschlagen wurden [3,19],
wurde hier

$$C_2 + OH \longrightarrow CO + CH^* \qquad (3-14)$$

ausgewählt, da diese Reaktion passende Energiewerte besitzt.
Die sich ergebende Verteilungsfunktion ist in Abb. 4 gemäß
Gl. (3-11) für verschiedene Werte von g_{ap}' dargestellt.

Man sieht, daß für zunehmende Werte der Aktivierungsenergie die
maximale Konzentration der Radikale im Geschwindigkeitsraum von
Null zu höheren Werten von v verschoben wird. Doch selbst im
Falle $g_{ap}' = 0$, d. h. für $E_a = 0$, unterscheidet sich die Verteilungsfunktion von einer Maxwellverteilung. Dies wird dadurch
verursacht, daß für $N_{em} \ll 1$ die Verteilungsfunktion im wesentlichen
durch den reaktiven Gewinnterm bedingt ist. Bei hinreichend niedrigen Drücken sollte daher die Geschwindigkeitsverteilung chemilumineszenter Radikale in jedem Fall von einer Gleichgewichtsverteilung abweichen. Um diese Ergebnisse mit den experimentell er-
mittelten Intensitätsverteilungen vergleichen zu können, muß $f(v)$
über die Geschwindigkeitskomponenten senkrecht zur Beobachtungs-
richtung integriert werden. Man erhält dann die Verteilung

$$f_x(v_x) = \int_{-\infty}^{+\infty} \int_{-\infty}^{+\infty} f(v) \, dv_y \, dv_z = 2\pi \int_{v_x}^{\infty} f(v) \, v \, dv \qquad (3-15)$$

Die resultierenden Verteilungen $f_x^{[q]}$ sind in Abb. 5 als ausgezogene Kurven dargestellt. Ein Vergleich von Abb. 4 und 5 zeigt,
daß die unmittelbar erkennbare Abweichung von einer Maxwellverteilung durch die Integration verringert wird.

In Abb. 5 wurden außerdem Maxwellverteilungen mit gleichen Halb-
wertsbreiten eingezeichnet. Die zugehörigen Temperaturen liegen
erheblich über der Gleichgewichtstemperatur. Die Gleichgewichtsverteilung ist die innen liegende gestrichelte Kurve. Man sieht,
daß die Geschwindigkeitsverteilung $f_x^{[0]}$ durch eine Maxwellverteilung nur in grober Näherung approximiert werden kann. Die Verteilung $f_x^{[0]}$ besitzt einen breiteren Rücken und eine schmalere
Basis.

Diese Züge zeigen auch die experimentellen Daten der Abb. 2,
obwohl die letzte Eigenschaft wesentlich schwächer ausgeprägt
ist. Diese dürfte darauf hinweisen, daß die elastischen Stöße
in gewissem Umfang von Einfluß sind. Eine entsprechende Lösung
der Integralgleichung (3-10), die für beliebige Werte von N_{em}
nur numerisch hergeleitet werden kann, steht noch aus.

Bemerkenswert an dem obigen Ergebnis ist auch die Tatsache, daß
es nicht die Wärmetönung ΔE der Reaktion I sondern die Aktivierungsenergie E_a' der inversen Reaktion zu I ist, die die Abweichung vom
Gleichgewicht bestimmt. Dieses Ergebnis ist auch sinnvoll, denn es
ist der Energiebetrag E_a', der den Radikalen nach der Reaktion I zur
Verfügung steht. Abb. 6 veranschaulicht dies. E_a' ist durch die Be-
ziehung $E_a' = E_a - \Delta E$ mit der Aktivierungsenergie der Vorwärtsreaktion
und der Reaktionswärme ΔE verknüpft. Ein Teil der Energie, nämlich
E_a wird also von den Reaktionspartnern A, B mit in die Reaktion ein-
gebracht, der andere Anteil $-\Delta E$ entstammt der chemischen Bindungsenergie.

3.3 Nichtlumineszente Radikale

Die meisten Radikale, die in Verbrennungsreaktionen auftreten,
sind nichtlumineszent. In diesem Fall kann der letzte Term der
Gl. (3-5) gestrichen werden. Die Boltzmanngleichung für ein
solches Radikal lautet dann

$$N_c \left[fF_o - \int_0^\infty B(v,v')f(v')dv' \right] + f\,F_c = e^{-v^2}F_p' . \qquad (3-16)$$

Der Parameter $N_c = \tau_c \lambda_c / \tau_e \lambda_e$ ist proportional zur Zahl der
elastischen Stöße zwischen zwei reaktiven Stößen. Asymptotische
Lösungen der Gl. (3-18) können für $N_c \ll 1$, d. h. falls die Wirkung
der reaktiven Stöße dominiert, und für $N_c \gg 1$, d.h. falls die Wirkung
der elastischen Stöße dominiert, angegeben werden.

Für $N_c \ll 1$ ergibt sich als erste Näherung

$$f^{[o]} = e^{-v^2} F_p'/F_c . \qquad (3-17)$$

Näherungen höherer Ordnung ergeben sich durch Iteration wie in
Abschnitt 3.2 zu

$$f(v) = (1 + N_c P_2 + N_c^2 P_2^{(2)} \ldots) \left\{ e^{-v^2} \frac{F_p'}{F_c} \right\} \qquad (3-18)$$

wo P_2 der Integraloperator

$$P_2 \{\psi\} = \frac{1}{F_c} \int_0^\infty B(v,v') \, \psi(v') \, dv' - \psi \frac{F_0}{F_c} \; . \qquad (3-19)$$

ist. Für $N_c \gg 1$ ergibt sich in erster Näherung eine Maxwellverteilung. Die höheren Näherungen folgen aus einer vereinfachten Integralgleichung.

Praktische Bedeutung dürften diese Überlegungen z. B. im Zusammenhang mit der Chlor-Wasserstoff-Reaktion haben, da das Cl-Radikal als ein "heißes" Radikal angesehen wird [20] . Als Reaktionsmechanismus wird hier die Nernstsche Kettenreaktion zugrunde gelegt [21-23] ,

$$\begin{aligned} H + Cl_2 &\rightarrow HCl + Cl \quad (I) \; , \\ Cl + H_2 &\rightarrow HCl + H \quad (II) \; . \end{aligned} \qquad (3-20)$$

Die Aktivierungsenergie der inversen Reaktion zu $(3-20)_I$ wurde von Ashmore und Chanmugam [22] mit $E_{ap}' = 47500$ kcal/kmol und die Reaktionsgeschwindigkeitskonstante der Reaktion $(3-20)_{II}$ mit $k_{II} = 7,9 \cdot 10^{13} \exp -5500$ RT cm^3/mol angegeben. Mit diesen Werten und einem geschätzten Stoßdurchmesser der elastischen Stöße von $d_e = 3,5$ Å ergeben sich für stöchiometrische Gemischzusammensetzung die Parameterwerte $g_{ap}' = 4,3$, $g_{ac} = 4,5$ und $N_c = 1,8$. Mit diesen Werten wurden numerische Lösungen der Boltzmanngleichung Gl. (3-18) ermittelt, wobei sowohl die elastischen wie auch die reaktiven Stöße I und II berücksichtigt wurden. Die Ergebnisse sind für verschiedene Werte des Parameters N_c in Abb. 5 dargestellt. Die Kurve $N_c = 10^3$ fällt mit der Gleichgewichtsverteilung zusammen. Für $N_c = 10^{-5}$ ergibt sich der Fall maximaler Störung, der durch Gl. (3-17) formuliert ist. Für $N_c = 1$, ein Wert der dem oben berechneten Wert $N_c = 1,8$ nahe kommt, ergibt sich, wie Abb. 5 zeigt, eine erhebliche Abweichung vom Gleichgewicht. Das Cl-Radikal ist "heißer" als das restliche Gas.

Experimentelle Untersuchungen der Produkte der Reaktion $(3-20)_I$ haben gezeigt, daß HCl-Molekül in einem angeregten Vibrationszustand entsteht [23] , wodurch die Energie, die in die Translationsbewegung geht, reduziert wird (g_{ap}' wird kleiner). Dadurch

wird die Abweichung vom Gleichgewicht verringert. Da
jedoch der Parameter N_c durch diesen Vorgang nicht beeinflußt
wird, bleibt die hier angegebene Beschreibung auch in diesem
Fall anwendbar. Die in Abschnitt 3.3 hergeleiteten Resultate
sind insbesondere auch unabhängig vom Druck des Gases.

Von D.H. Chung wurde der Fall des nichtchemolumineszenten Radikals
eingehend untersucht und zahlreiche praktisch interessierende
Reaktionen behandelt. Wegen diesbezüglicher Einzelheiten wird
auf Ref. [24] verwiesen.

4. Zusammenfassung

Durch experimentelle Untersuchung der Flammenbanden des CH-Radikals in Azetylen-Sauerstoff-Flammen bei niedrigen Drücken wurde festgestellt, daß das CH-Radikal eine effektive Translationstemperatur besitzt, die wesentlich oberhalb der adiabaten Flammenendtemperatur liegt. Dies ist in Übereinstimmung mit Messungen von Gaydon und Wolfhard.

Der Verlauf der Verteilungsfunktion stimmt im wesentlichen mit einer Maxwellverteilung überein und liegt im mittleren Bereich des Profils geringfügig darüber und an den Seiten darunter. Diese experimentellen Ergebnisse werden durch eine Näherungslösung der Boltzmannschen Stoßgleichung für niedrige Drücke bestätigt. Der noch auftretende Unterschied deutet darauf hin, daß elastische Stöße von Bedeutung sein dürften. Dieser Punkt muß noch näher untersucht werden.

Bei der theoretischen Untersuchung zeigt sich weiter, daß es nicht die Reaktionsenthalpie der Produktionsreaktion sondern die Aktivierungsenergie E_a der hierzu inversen Reaktion ist, die die Abweichung vom Gleichgewicht bestimmt. Dabei ergibt sich selbst für $E_a' = 0$ eine effektive Temperatur, die oberhalb der Gleichgewichtstemperatur liegt.

Auch die Geschwindigkeitsverteilung nichtchemilumineszenter Radikale kann vom Gleichgewicht abweichen. Dies wurde in der vorliegenden Arbeit für das Cl-Radikal der Chlor-Wasserstoff-Reaktion gezeigt.

Schrifttum

[1]   S.W. Benson, J. Chem. Phys. $\underline{33}$, 939 (1960).

[2]   J.R. Airy, J.C. Polanyi and D.R. Shelling, Tenth Symp. (Int.)
      Comb., The Combustion Institute, 1965, p. 403 - 409.

[3]   A.G. Gaydon and H.G. Wolfhard, Proc. Roy Soc. (London)
      $\underline{199\ A}$, 89 (1949).

[4]   B.W. Harned and N. Ginsbury, J. Opt. Soc. Am. $\underline{48}$, 178 (1958).

[5]   D.H. Rank and G.D. Saksena, J. Opt. Soc. Am. $\underline{48}$, 521 (1958).

[6]   K. Koura, J. Chem. Phys. $\underline{59}$, 691 (1973).

[7]   R.D. Present and B.M. Morris, J. Chem. Phys. $\underline{50}$, 151 (1969)

[8]   K. Andersen and K.E. Shuler, J. Chem. Phys. $\underline{40}$, 633 (1964);
      See also the references listed in these papers 8,9,10.

[9]   P. Jacquinot and P. Dufour, J. recherches centre natl.
      recherches sci. $\underline{6}$, 91 (1949).

[10] M.A. Biondi, Rev. Sci. Instr. $\underline{27}$, 36 (1956).

[11] K.W. Meissner, J. Opt. Soc. Am. $\underline{31}$, 405 (1941).

[12] R. Chabal, J. recherches centre natl. recherches sci. $\underline{24}$,
      138 (1953).

[13] S.P. Davis, Appl. Opt. $\underline{2}$, 727 (1963).

[14] R.G. Bennett and F.W. Dalby, J. Chem. Phys. $\underline{32}$, 1716 (1960).

[15] R. Bleekrode and W.C. Nieuwpoort, J. Chem. Phys. $\underline{43}$,
      3680 (1965).

[16] L. Waldmann, Transporterscheinungen in Gasen von mittlerem
      Druck, Handbuch der Physik, Vol. 12, Springer,1958.

[17] S. Chapman and T.G. Cowling, The Mathematical Theory of
      Non-Univorm Gases, Cambridge University Press, 1970.

[18] G. Adomeit, Molekulare Geschwindigkeitsverteilung von
      Radikalen in chemischen Gasreaktionen, Festschrift
      F. Schultz-Grunow, RWTH Aachen, 1971.

[19] C.W. Hand and G.B. Kistiakowsky, J. Chem. Phys. $\underline{37}$, 1239 (1962

[20] J.R. Airey, J.C. Polanyi and D.R. Snelling, Tenth Symp.
      (Int.) on Cumbustion, p. 403, The Combustion Institute, 1965.

[21] R. Corbeels and K. Scheller, Tenth Symp. (Int.) on Combustion,
      p. 65, The Combustion Institute, 1965.

[22] P.G. Ashmore and J. Chanmugam, Trans. Faraday Soc. $\underline{49}$, 254 (1953).

[23] P.D. Pacey and J.C. Polanyi, Appl. Opt. $\underline{10}$, 1725 (1971).

[24] D.H. Chung, Molekulare Geschwindigkeitsverteilung von Radikalen in chemischen Gasreaktionen bei gleicher Größenordnung von reaktiven und elastischen Stoßzahlen, Dissertation, RWTH Aachen, 1974.

Abbildungen

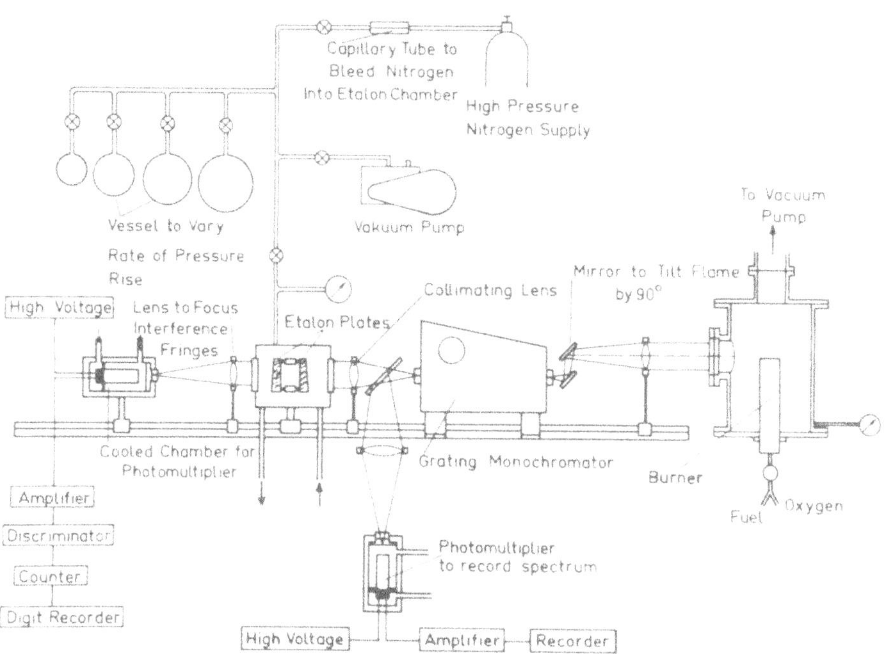

Abb. 1   Schematische Darstellung der Meßanordnung

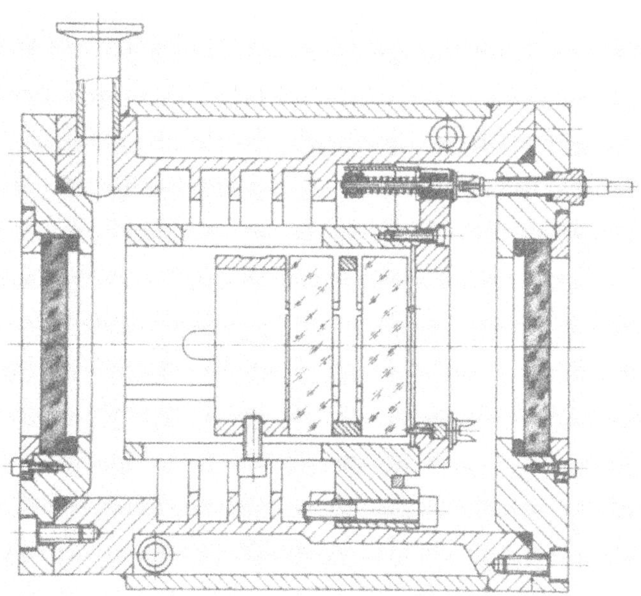

Abb. 2   Fabry-Perot-Interferometer, wie es in diesem Versuch
verwendet wurde

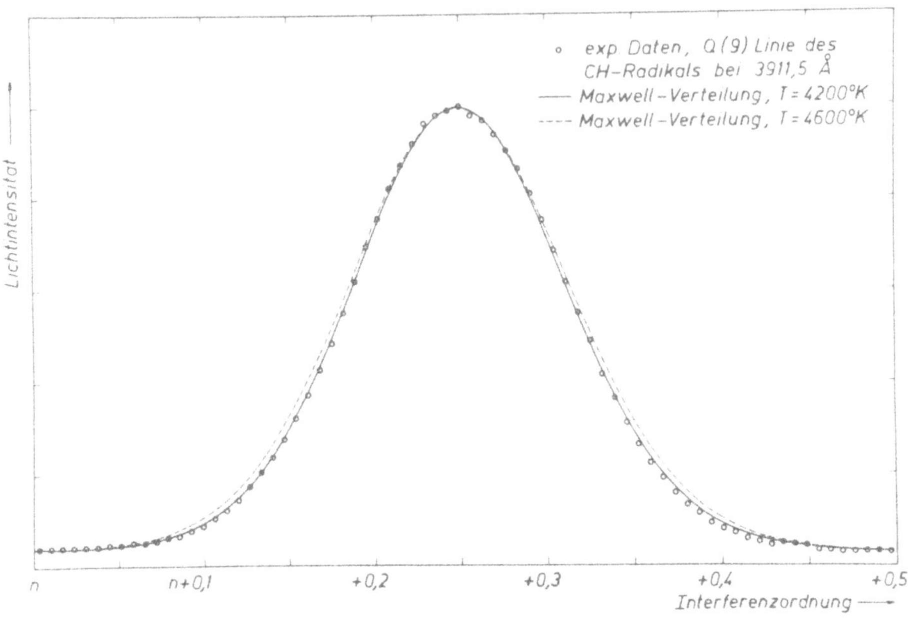

Abb. 3   Intensitätsverteilung der Q(9)-Linie der CH-Bande bei
390 nm. Der Druck beträgt 14 Torr. Die ausgezogene
und die gestrichelte Kurve sind Faltungen der Instrumentenfunktion mit Maxwellverteilungen, deren Temperatur 4200 K und 4600 K ist.

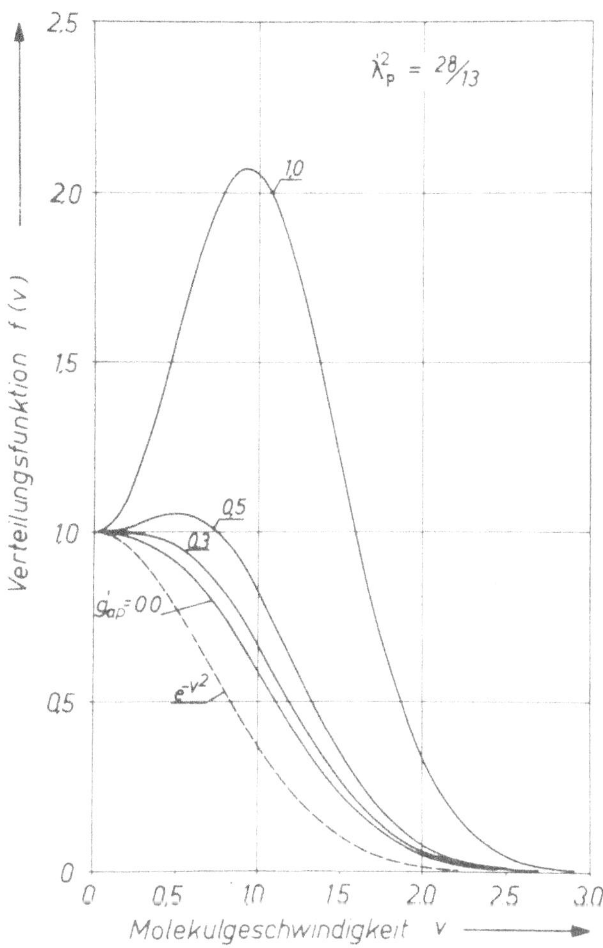

Abb. 4   Lösung Gl. (3-11) der Boltzmannschen Stoßgleichung für
ein chemilumineszentes Radikal bei niedrigem Druck. Die
zugehörige Gleichgewichtsverteilung ist gestrichelt eingezeichnet. Alle Verteilungen sind auf f(v=0)=1 normiert.

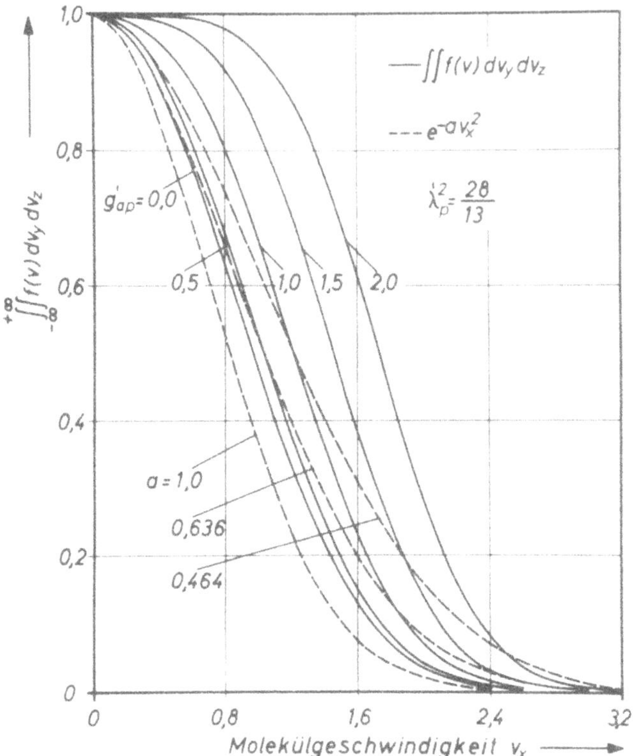

Abb. 5   Integral $f_x(v_x) = \displaystyle\int_{-\infty}^{\infty}\int_{-\infty}^{\infty} f(v)\,dv_y\,dv_z$ der in Abb. 4 darge-
stellten Verteilungen. Dies Teilintegral von f(v) wird
im Experiment ermittelt. Die gestrichelten Kurven sind
Maxwellverteilungen gleicher Halbwertsbreite. Die innen
liegende Kurve ist die Gleichgewichtsverteilung.

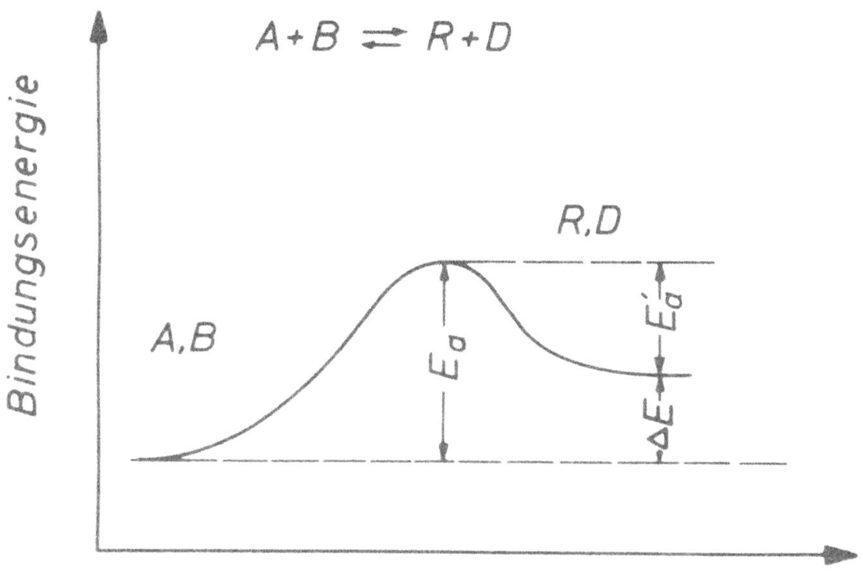

Abb. 6 Schematische Darstellung des Verlaufs der Bindungsenergie
beim Ablauf der Bildungsreaktion I

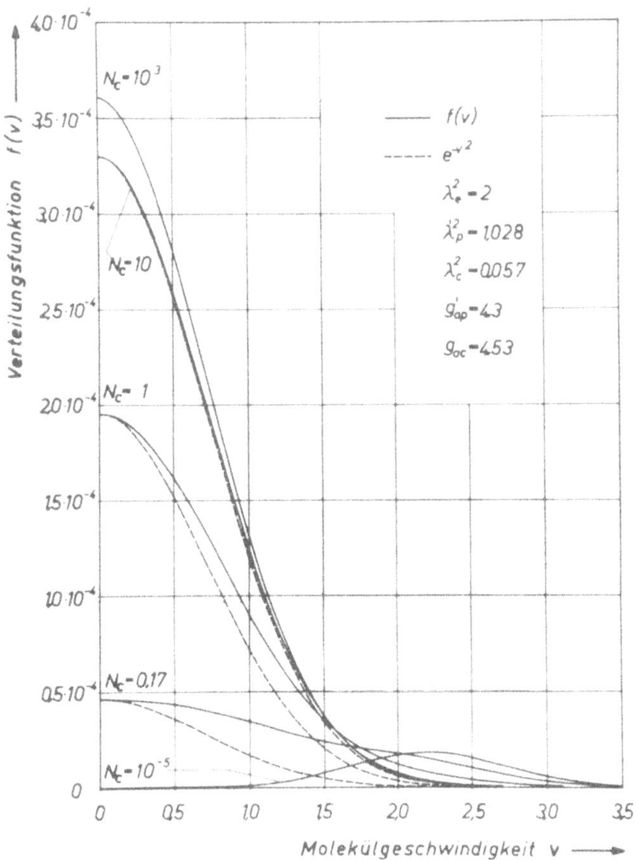

Abb. 7   Geschwindigkeitsverteilung des Cl-Radikals der Chlor-Wasserstoff-Reaktion (ausgezogene Kurve). Dies ist das Ergebnis einer numerischen Lösung der Boltzmannschen Stoßgleichung Gl. (3-16) unter Berücksichtigung aller dort auftretenden Stoßterme. $N_c \approx 1$ entspricht ungefähr den Verhältnissen bei stöchiometrischer Gemischzusammensetzung. Die Abweichung von der zugehörigen Gleichgewichtsverteilung (gestrichelte Kurve) ist beträchtlich. Die effektive Temperatur des Cl-Radikals liegt demnach um etwa einen Faktor 1,25 oberhalb der Gleichgewichtstemperatur.

FORSCHUNGSBERICHTE
des Landes Nordrhein-Westfalen

Herausgegeben
im Auftrage des Ministerpräsidenten Heinz Kühn
vom Minister für Wissenschaft und Forschung Johannes Rau

Die „Forschungsberichte des Landes Nordrhein-Westfalen" sind in
zwölf Fachgruppen gegliedert:

Geisteswissenschaften
Wirtschafts- und Sozialwissenschaften
Mathematik / Informatik
Physik / Chemie / Biologie
Medizin
Umwelt / Verkehr
Bau / Steine / Erden
Bergbau / Energie
Elektrotechnik / Optik
Maschinenbau / Verfahrenstechnik
Hüttenwesen / Werkstoffkunde
Textilforschung

Die Neuerscheinungen in einer Fachgruppe können im Abonnement
zum ermäßigten Serienpreis bezogen werden. Sie verpflichten sich
durch das Abonnement einer Fachgruppe nicht zur Abnahme einer
bestimmten Anzahl Neuerscheinungen, da Sie jeweils unter
Einhaltung einer Frist von 4 Wochen kündigen können.

WESTDEUTSCHER VERLAG
5090 Leverkusen 3 · Postfach 300 620

GPSR Compliance
The European Union's (EU) General Product Safety Regulation (GPSR) is a set
of rules that requires consumer products to be safe and our obligations to
ensure this.

If you have any concerns about our products, you can contact us on

ProductSafety@springernature.com

In case Publisher is established outside the EU, the EU authorized
representative is:

Springer Nature Customer Service Center GmbH
Europaplatz 3
69115 Heidelberg, Germany